DE QUÍMICA,
SOSTENIBILIDAD Y CIRCULARIDAD

DE QUÍMICA,
SOSTENIBILIDAD Y CIRCULARIDAD

José Antonio Mayoral Murillo

PRENSAS DE LA UNIVERSIDAD DE ZARAGOZA

STVDIVM
GENERALE
CAESARAV-
GVSTANAE
CIVITATIS
COLECCIÓN PARANINFO

PRIMA LECTIO

© José Antonio Mayoral Murillo
© De la presente edición, Prensas de la Universidad de Zaragoza
  (Vicerrectorado de Cultura y Patrimonio)
  1.ª edición, 2025

Prensas de la Universidad de Zaragoza
    Edificio de Ciencias Geológicas
    c/ Pedro Cerbuna, 12 • 50009 Zaragoza, España
    Tel.: 976 761 330
    puz@unizar.es   http://puz.unizar.es

Impreso en España
Imprime: Gistel Industrias Gráficas
ISBN 979-13-7014-000-7
Depósito legal: Z 1371-2025

A José Ignacio

Lo hicieron porque no sabían que era imposible

Rock and Rios

AGRADECIMIENTOS

Quiero mostrar mi agradecimiento por el honor de dictar la lección inaugural del curso 2025-2026 a la Rectora Rosa Bolea y a su equipo. También mi agradecimiento a las personas que integran el grupo de investigación CHESO, sobre todo a Chema y Elisabet, a quienes agradezco que actúen de padrinos, a Luis, Clara, Susana, Alejandro y a toda la juventud que nos empuja. Un recuerdo muy especial a José Ignacio, quien nos dejó demasiado pronto y cuya inteligencia y rigor científico se echan de menos todos los días, además era un tipo estupendo y es el padrino en ausencia, José Ignacio «I wish you were here». Fue José Ignacio quien inicio conmigo la aventura de investigación del grupo, compartió las dificultades de iniciar nuevas líneas de investigación y, sobre todo, supo modular mi imaginación.

En esta lista no pueden faltar quienes me han acompañado en mis periodos de gestión universitaria, todos ellos y todas ellas me han hecho comprender la riqueza de una universidad generalista y distribuida en el territorio, gracias a ello hacemos lo que hacemos y somos lo que nos han hecho nuestros más de cinco siglos de historia.

Un emocionado recuerdo a Manolo, al Rector Manuel López Pérez, de quien aprendí todo lo bueno que haya podido hacer en estos años.

Por último, a mi familia, sobre todo a Carmen y Ana, que han soportado la vida de un investigador y de un gestor universitario, vidas sin horarios que necesitan de una enorme comprensión por las personas próximas.

CAMPUS IBERUS

Esta apertura de curso es muy especial, ya que es a la vez la apertura del curso del Campus Iberus, una alianza universitaria integrada por las cuatro universidades públicas del valle medio del Ebro: Universidad de La Rioja, Universidad de Lleida, Universidad Pública de Navarra y Universidad de Zaragoza.

En octubre de 2010 se publicó la resolución del secretario general de Universidades del Ministerio de Educación por la que se otorgaba al proyecto «Campus Iberus: Campus de Excelencia Internacional del Valle del Ebro» la calificación de Campus de Excelencia Internacional «CEI-2010». En junio de 2011 se firmó por las cuatro universidades el convenio para la constitución del consorcio que se constituyó definitivamente en mayo de 2012. En diciembre de 2015 el proyecto obtuvo la calificación definitiva de Campus de Excelencia Internacional en la resolución final del Ministerio de Educación.

A pesar de la desaparición de la financiación estatal para los campus de excelencia, las cuatro universidades apostaron por mantener el consorcio con fondos propios, incluso firmar acuerdos con universidades del sur de Francia con las que el curso 2015-2016 comenzó un doctorado conjunto.

En julio de 2021 se renovó la alianza del Consorcio Campus Iberus con las comunidades autónomas de Aragón, Cataluña, La Rioja y Navarra mediante la firma de un convenio de financiación para el desarrollo de actividades en los ámbitos de investigación, internacionalización, doctorado y difusión científica.

El Campus Iberus es un modelo de convicción —se hizo porque se creía en él—, de perseverancia y de generosidad. Al final las comunidades autónomas han sido capaces de entender que esta es una apuesta buena para sus territorios y se han hecho cómplices necesarios. Son tiempos donde reconforta ver a cuatro comunidades autónomas con Gobiernos de distintos signos políticos trabajando unidas por un buen fin, muchas gracias.

Durante estos años el Campus ha venido desarrollando actividades conjuntas de formación e investigación agrupadas en cinco áreas de especialización: Agroalimentación, Desarrollo Social y Territorial, Energía y Medioambiente, Salud y Tecnologías Sanitarias, Economía Circular y Bioeconomía.

Es precisamente en esta última en la que se enmarca esta lección de apertura.

QUÍMICA Y SOSTENIBILIDAD

Es generalmente admitido que el actual movimiento medioambiental arrancó en 1962 con la publicación del libro de la zoóloga estadounidense Rachel Carson *Silent Spring* [1], publicada en España en 1964 como *Primavera silenciosa* [1]. En el libro advertía sobre el efecto perjudicial de los pesticidas y achacaba a la industria química la degradación ambiental, se considera que este libro fue clave para la creación, en 1970, de la Agencia de Protección Ambiental de Estados Unidos (EPA) y la prohibición del DDT. Aunque es posible que en algunos apartados el libro pecara de alarmismo, es el primer libro de divulgación seria sobre los problemas medioambientales. Muchos de los movimientos ecologistas nacieron tras la publicación de este libro: Greenpeace fue fundada en 1971. El único movimiento anterior, el Fondo Mundial para la Naturaleza (WWF) fundado en 1961, apoyó gran parte del trabajo de Rachel Carson. En la década de los setenta se desarrollaron un buen número de nuevas organizaciones e incluso el filósofo noruego Arne Naes inició una rama de la filosofía ecologista, la ecología profunda, que propone salir del antropocentrismo para promover una visión más holística de la relación entre el ser humano y la naturaleza.

La primavera silenciosa, *Rachel Carson (Fuente: ecoworking)*

Se estarán preguntando por qué se puede hablar de estos problemas desde el punto de vista de la Química. Es cierto que muchos de los mayores desastres ecológicos de la historia reciente han tenido relación con la industria química.

El de Love Canal en Niágara, relacionado con la construcción de un barrio residencial cerca de la zona donde la Hooker Chemical and Plastic Corporation había almacenado 20 000 t de residuos. A pesar de la advertencia de la empresa y de la localización por parte de los obreros de un depósito de residuos cerca del canal que suministraría agua a la urbanización, los promotores siguieron con el proyecto con los resultados esperados sobre el servicio de agua a la urbanización.

En 1956 se detectaron en Minamata (Japón) extrañas alteraciones neurológicas que afectaban a las extremidades, a la vista y el oído, y en algunos casos se producía la parálisis e incluso la muerte. En 1968 se relacionó con los vertidos de metil-mercurio, por parte de la empresa

Chisson Corporation, a la bahía de Minamata. Este mercurio se incorporaba a los animales marinos, base de la alimentación de la comunidad; a partir de ese momento los vertidos cesaron.

La empresa Hooker Chemical and Plastic Corporation vertía al río Cuyahoga, un río del medio oeste de los Estados Unidos, compuestos volátiles inflamables, parece ser que fue una chispa del ferrocarril la que produjo la ignición espontánea del río. Luego volveré sobre los compuestos orgánicos volátiles.

Quizás el caso más conocido y el de peores resultados se produjo por el escape de isocianato de metilo de la empresa Union Carbide, en Bophal (India). Se estima que a causa de este escape fallecieron en torno a 20 000 personas, unas 2500 de forma inmediata.

El problema más conocido en Aragón son los residuos de la fabricación del insecticida organoclorado lindano, usado en agricultura y en el tratamiento de los piojos y de la sarna.

Fue Faraday en 1825 quien hizo reaccionar benceno con cloro en una reacción activada por luz, una reacción fotoquímica, en su caso la luz solar. En 1912 el químico holandés Teunis van der Linden, en cuyo honor se puso el nombre de lindano, separó los isómeros. En los años cuarenta esta reacción cobró interés debido al descubrimiento de la acción como insecticida y plaguicida de alguno de los productos obtenidos.

Entre 1975 y 1989 la empresa Inquinosa fabricó lindano en Sabiñánigo usando el método tradicional, un método nada selectivo que producía mezclas de los ocho isómeros del hexaclorociclohexano y otros compuestos organoclorados, de ellos tan solo el isómero γ- hexaclorociclohexano tiene interés, de modo que en la fabricación el rendimiento era solo del 15 %, o sea, una producción

15

de un 85 % de residuos problemáticos, unas 100 000 toneladas, problema compartido con otras zonas de todo el mundo.

Esta reacción produce una gran cantidad de residuos por masa de producto útil, esta relación fue definida por Roger Sheldon, uno de los padres de la Green Chemistry en Europa, como factor E, y puede incluir todos los componentes que se usan en la reacción y no se recuperan. Lo ideal sería un factor E muy próximo a 0. En contra de lo que se cree normalmente la industria petroquímica es la más eficiente con factores E inferiores a 0,1, sin embargo, la farmacéutica es la menos eficiente con factores E de entre 25 y 100, evidentemente, la última trabaja con una mayor variedad de procesos y una producción mucho menor [2]. Es evidente que un proceso industrial como el que se usó para obtener lindano no sería posible en la actualidad.

Aunque la Química ha cargado con todo el peso reputacional, se trata de un problema compartido; la economía, la ingeniería y la legislación tienen algo que decir al respecto. A lo largo de esta lección esta conexión aparecerá en más ocasiones, aunque por motivos evidentes me centraré en los aspectos relacionados con la Química. Desde mi punto de vista nuestra ciencia fue parte del problema, pero también lo debe ser de la solución.

Retomemos la visión más positiva de la historia. Como he comentado anteriormente, uno de los primeros logros del movimiento medioambientalista fue la creación, por parte del presidente Richard Nixon en 1970, de la EPA, agencia de protección medioambiental que hasta 1990 se ocupó de la descontaminación, una agencia que trabajaba sobre la limitación de los vertidos y sobre su depuración, una nueva visión positiva pero que no elimina el riesgo de desastres como el de Bophal.

En 1990 se crea, dentro de la propia agencia, la «Office of Pollution Prevention and Toxics», y en 1990 se publica la *Pollution Prevention Act*, una nueva estrategia que reconoce la prevención como la mejor herramienta contra la contaminación. El primer paso de la Química Verde.

En 1995 se crean los «Green Chemistry Awards»; en 1997 comienza en la Universidad de Massachusetts el primer programa de doctorado sobre el tema. Ese mismo año Joe Breen, Dennis Hjersesn y Mary Kirchoff fundan el «Green Chemistry Institute» y organizan la primera «Green Chemistry and Engeneering Conference». En el año 2000 el Instituto se integra en la «American Chemical Society», un movimiento replicado posteriormente en muchos otros países.

Una fecha clave es la publicación en 1998 del libro *Green Chemistry* de Paul Anastas y John Warner [3], donde se enuncian los doce principios de la Química Sostenible:

1. Es mejor prevenir los vertidos que tratar los ya formados. PREVENCIÓN.
2. Maximizar la incorporación en el producto final de los materiales usados. ECONOMÍA ATÓMICA.
3. Siempre que sea posible, los métodos sintéticos deben diseñarse para usar y generar sustancias sin toxicidad o con toxicidad mínima para la salud humana y el medioambiente. SÍNTESIS QUÍMICA MENOS PELIGROSA.
4. Diseñar productos con la misma eficacia, pero menor toxicidad. DISEÑO DE PRODUCTOS QUÍMICOS MÁS INOCUOS.
5. Minimizar el uso de sustancias auxiliares y si no es posible usar sustancias inocuas. DISOLVENTES Y AUXILIARES INOCUOS.

6. Minimizar los requerimientos energéticos, si es posible llevar a cabo los procesos a presión y temperatura ambiente. EFICIENCIA ENERGÉTICA.
7. Las materias primas deben ser renovables. MATERIAS PRIMAS RENOVABLES.
8. Evitar o minimizar las protecciones y derivatizaciones. REDUCCIÓN DE DERIVADOS.
9. Los reactivos catalíticos son superiores a los estequiométricos. CATÁLISIS.
10. Diseñar productos que no persistan en el medioambiente. DISEÑO PARA LA SOSTENIBILIDAD.
11. Diseñar procesos analíticos para el control de procesos en tiempo real. ANÁLISIS EN TIEMPO REAL PARA MINIMIZAR SUBPRODUCTOS.
12. Las sustancias y su modo de uso deben elegirse de modo que minimicen los riesgos potenciales de accidentes. QUÍMICA INOCUA PARA LA PREVENCIÓN DE ACCIDENTES.

Podemos decir que la Química Sostenible es a la química paliativa lo que la medicina preventiva es a la curativa.

Durante el siglo XX la industria química, entendida en un sentido amplio, ha sido fundamental para el crecimiento de la economía. Hasta finales de los sesenta su desarrollo se basó en el binomio economía-ingeniería, con la incorporación a partir de finales de esa década de la tecnología paliativa de tratamiento de residuos. A partir de los paradigmas de la Química Sostenible el binomio esencial es el que combina química e ingeniería, sin embargo, las empresas han de seguir siendo rentables, por lo que se debe trabajar en las tres dimensiones, química-ingeniería-economía. Se hace de nuevo patente la necesidad de enfoques holísticos.

Green chemistry, *Paul T. Anastas y John C. Warner (Fuente: Moléculas a reacción ISQCH)*

Complementando este punto de vista, en 2007 Martin Poliakoff [4] reformuló estos doce principios de modo que las iniciales de los mismos formaran la palabra «PRODUCTIVELY» como una manera de incorporar la dimensión económica. De este modo los doce principios quedan del siguiente modo:

Prevent Wastes.

Renewable materials.

Omit derivatization steps.

Degradable chemical products.

Use safe synthetic methods.

Catalytic reagents.

Temperature, pressure ambient.

In-process monitoring.

Very few auxiliary substances.

E-factor, maximize feed in product.

Low toxicity chemical products.

Yes, it is safe.

¿Qué sucedía en España al respecto? En 2002 varios químicos españoles fuimos invitados a asistir a la «Gordon Research Conference on Green Chemistry» [5] celebrada en Oxford. A partir de las reuniones que celebramos en esta conferencia, Carles Estévez y Ramón Mestres impulsaron la creación de la Sociedad Española de Química Sostenible; en 2003 arrancó el doctorado interuniversitario de Química Sostenible dirigido por mi amigo el profesor Santiago Luis de la Universidad Jaume I de Castellón, y ese mismo año se celebraron en España la «5th Green Chemistry Conference» y las Primeras Jornadas Españolas de Química Sostenible.

En 2005 la Química Sostenible experimenta un salto cualitativo a través de la creación por parte de la industria química española de la plataforma SusChem.

¿Por qué es tan importante el compromiso de la industria química? Con sus más de 3100 empresas, la industria química es uno de los mayores y más consolidados sectores industriales de este país. Su peso como motor económico de España se traduce en la generación del 4,7 % del PIB nacional, del 5,5 % de la población activa asalariada del sector privado español, si sumamos sus efectos indirectos e inducidos, y el 11,6 % del PIB industrial. Con una cifra de negocios de 85 483 millones de euros, de los cuales el 69,2 % se facturan en mercados exteriores y con un peso creciente de la exportación a países de fuera de la Unión Europea, el sector químico es el segundo mayor exportador de la economía española. El sector químico es, además, ejemplo de una industria sólida en la generación de empleo de una elevada calidad en términos de salario y estabilidad, pues proporciona empleo directo a 240 100 personas, cifra que supera los 816 200 si contamos los empleos indirectos e inducidos, con un sueldo medio de casi 42 000 euros anuales y el 94 % de contratos indefi-

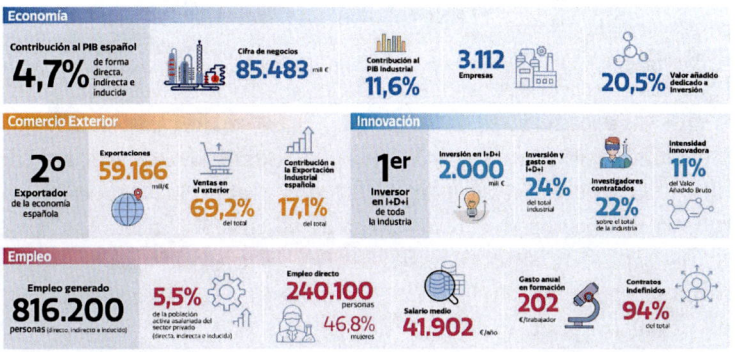

La industria química en España

nidos. La industria química es líder también en innovación, el año pasado destinó más de 2000 millones de euros a I+D+i (excluidas compras), lo que supone una cuarta parte del total de la inversión privada en esta área. Asimismo, uno de cada cinco investigadores del sector privado es contratado por la industria química para ejercer su profesión. Otro de los principales rasgos del sector es su carácter transversal, pues interviene en prácticamente todas las cadenas de valor de las industrias manufactureras. El 98 % de las actividades productivas requieren de la química en algún punto del proceso de fabricación, ya sea en los campos de la salud, el consumo, la movilidad, la construcción, la alimentación o la energía, por lo que su demanda es siempre elevada. De ahí que se trate, sin lugar a dudas, de una industria esencial y estratégica para garantizar el funcionamiento y desarrollo de nuestra sociedad actual [6].

Finalmente, en febrero de 2024 se crea, dentro de la Real Sociedad Española de Química, el grupo especializado de Química Verde.

En el Grupo de Catálisis Heterogénea en Síntesis Orgánica Selectiva (CHESO) hemos trabajado, desde su origen, en el diseño de catalizadores separables y recuperables en procesos selectivos, de este modo se incorporan varios principios de la Química Sostenible: el uso de la catálisis, reacciones con menos requerimientos energéticos y reducción de subproductos al hacer las reacciones más selectivas. En este escenario se investigaron los distintos tipos de selectividad, esencialmente la estereoquímica o espacial, dirigiendo la reacción hacia una de las disposiciones geométricas del producto [7-10].

Dentro de la gama de catalizadores ensayados podemos destacar los catalizadores ácidos, por no extender esta presentación me centraré en su aplicación en procesos industriales.

Con la empresa DSM-Deretil llevamos a cabo varios proyectos de investigación que incluyeron dos tesis doctorales, en los que se abordó el diseño y el estudio de catalizadores que, por una parte, fueran fácilmente separables y reutilizables y, por otra, fueran capaces de mejorar las reacciones de interés para la compañía. Estos catalizadores se aplicaron en la síntesis de hidantoínas 5-sustituidas, intermedios clave en la síntesis de aminoácidos [11-13].

En esta colaboración el resultado más reseñable corresponde al desarrollo de un nuevo catalizador para la síntesis de alantoína, el componente activo del aloe vera. Con este nuevo catalizador el rendimiento se aumenta en un 5 % y, además, el exceso necesario de uno de los reactivos, la urea, se reduce en un 43 %, de este modo la planta depuradora ha de asumir menos residuos y se aumenta la producción en un 500 %. Esta mejora del proceso se sustenta en los principios de la Química Sostenible, reduce los subproductos al mejorar el rendimiento,

Alantoína

mejora la economía atómica, al reducir el exceso de uno de los reactivos aumenta la incorporación de los reactivos al producto final, y todo ello redunda, además, en una mejor competitividad del proceso desde el punto de vista de la economía, cumpliendo la máxima de Martin Poliakoff, «productively». De hecho, este desarrollo fue implementado.

Este tipo de catalizadores sólidos, por lo tanto, no solubles en el medio de reacción, permite combinar reacciones que usen un catalizador de naturaleza ácida y otro de naturaleza básica, algo imposible en disolución, facilitando así procesos consecutivos que de otro modo serían incompatibles [14].

Los catalizadores que usábamos se basaban en sólidos inorgánicos, fundamentalmente sílices, arcillas y zeolitas, modificadas para mejorar su acción catalítica.

En colaboración con investigadores del Instituto de Carboquímica del CSIC, se ha trabajado en la obtención de nuevos catalizadores ácidos a partir de fuentes renovables como la glucosa o la celulosa [15]. Estos nuevos catalizadores ácidos heterogéneos han sido ensayados con éxito en una gran variedad de reacciones orgánicas [16] y reacciones tándem, como las primeras etapas de la síntesis del antiviral oseltamivir [17].

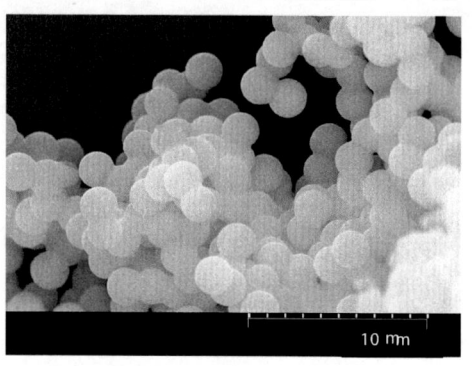

10 mm

Carbón hidrotermal sulfonado

Las reacciones de oxidación ocupan el segundo lugar entre las reacciones más empleadas por la industria química, desde el punto de vista de la Química Sostenible el oxidante de elección es el oxígeno, que se incorpora por completo a los productos generando una economía atómica óptima y sin generación de residuos. Sin embargo, las oxidaciones selectivas con oxígeno no están exentas de dificultad [18], por este motivo los oxidantes más frecuentemente utilizados son los hidroperóxidos, de entre ellos el preferible el hidroperóxido de hidrógeno, agua oxigenada, que genera como subproducto concomitante agua. La descripción de la zeolita TS1, un sólido de estructura controlada y centros activos de titanio, supuso un gran avance en el uso de peróxido de hidrógeno para procesos de oxidación selectivos [19].

En el grupo de investigación CHESO trabajamos en el desarrollo de catalizadores heterogéneos de titanio capaces de promover reacciones con peróxido de hidrógeno y que tuvieran una estructura más abierta, de modo que fueran capaces de oxidar moléculas de mayor tamaño

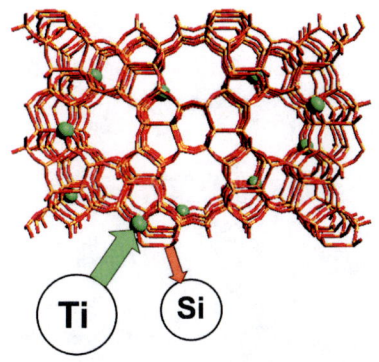

Zeolita TS1 (Fuente: Catalyst Group)

[20-22]. Con el mismo objetivo se pusieron a punto oxidaciones con peróxido de hidrógeno catalizadas por ácido selénico [23].

Estos catalizadores de titanio tienen carácter ácido y funcionan bien en la oxidación de compuestos ricos en densidad electrónica, por ejemplo, la epoxidación de dobles enlaces ricos en electrones, para dobles enlaces deficientes de electrones es necesario usar catalizadores con naturaleza básica [24].

El empleo como oxidante verde de peróxido de hidrógeno atrajo en interés de la empresa FMC-Foret, productora de agua oxigenada. El trabajo se desarrolló de modo conjunto con investigadores de la factoría de esta empresa en La Zaida, se trabajó en diferentes proyectos, desde la mejora de la producción del peróxido de hidrógeno hasta el apoyo en procesos de tratamiento de aguas residuales industriales. Me centraré en el desarrollo de procesos catalíticos de oxidación con peróxido de hidrógeno de interés industrial, el primero de ellos fue la síntesis de óxido de propileno, un intermedio versátil que se utiliza en la producción de una amplia variedad de productos

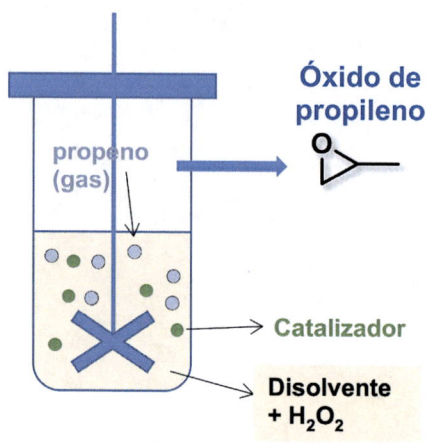

Síntesis de óxido de propileno

industriales y comerciales, destacando su uso como intermedio en la producción de polímeros y como humectante en la industria cosmética y farmacéutica. Con los nuevos catalizadores, más sencillos de preparar, se lograron resultados similares para la zeolita TS1, con unos sólidos que, como se ha comentado anteriormente, permiten la oxidación de moléculas de mayor tamaño.

Otro reto interesante es el uso de procesos de oxidación catalíticos para la desulfuración de combustibles; en este caso se ensayó, en primer lugar, con una molécula modelo [25] para posteriormente ensayar la oxidación con diésel: ambos procesos funcionaron bien. El mismo sistema no funcionó del mismo modo en la desulfuración del fueloil. Se trata de un producto de composición muy variable y excesivamente viscoso, lo que imposibilitó la adecuada extensión de dicha tecnología a este combustible.

26

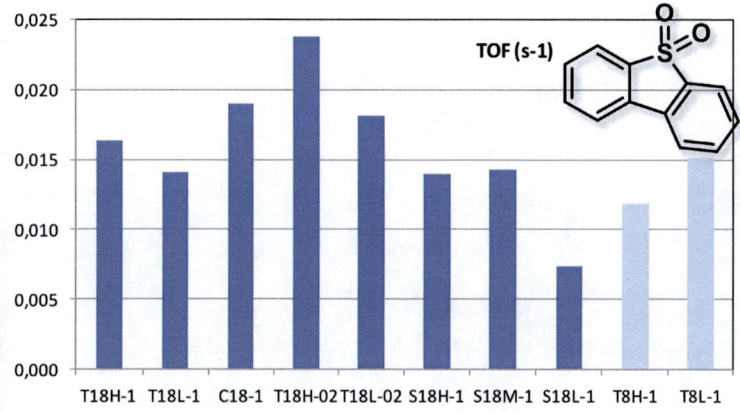

Desulfuración oxidativa con peróxido de hidrógeno

Dada nuestra experiencia en catálisis se estableció una colaboración con la empresa ENTABAN Biocombustibles del Pirineo. En este proyecto se diseñaron, prepararon y ensayaron aditivos que mejoraban las propiedades de las mezclas de combustible que contenían biodiésel [26]. Estos aditivos se basaron en el uso de glicerol, subproducto concomitante en la preparación de biodiésel.

Uno de los objetivos de la Química Sostenible es la preparación de productos a partir de fuentes renovables que sean capaces de sustituir a los convencionales y que sean biodegradables tras su uso. Un claro ejemplo son los polihidroxialcanoatos o PHA, son poliésteres lineales producidos en la naturaleza por la acción de las bacterias [27]. Aunque se usan una gran variedad de monómeros, que generan polímeros con propiedades diferentes, los polihidroxialcanoatos más comunes son el ácido polihidroxibutírico P3HB, poliácido láctico PLA, ácido poliglicólico PGA, poli-3-hidroxivalerato P3HV y poli-3-hidroxi-

Poli-(r)-3-hidroxibutirato (P3HB)

hexanoato P3-HHx. Cuando vean estas siglas sepan que se trata de productos, a menudo envases, que cumplen los principios de la Química Verde y son respetuosos con el medioambiente.

Los compuestos orgánicos volátiles (COV) son sustancias que se evaporan fácilmente a temperatura ambiente y pueden causar problemas de salud y medioambientales. Un ejemplo del que hemos hablado es el desastre medioambiental del río Cuyahoga. La mayor parte de los disolventes orgánicos, ampliamente utilizados tanto en la industria como en muchos productos de consumo, son compuestos orgánicos volátiles, por lo que es importante generar productos capaces de reemplazarlos. Muchos grupos de investigación han tratado de preparar y emplear, en distintos usos, nuevas familias de disolventes, conocidos genéricamente como disolventes neotéricos, entre las aplicaciones ensayadas destaca la sustitución de los disolventes tradicionales como medios de reacción [28-29]. Este grupo de disolventes neotéricos es amplio y lo componen distintas familias: disolventes fluorados [30], fluidos supercríticos [31], agua [32], líquidos iónicos [33] y más recientemente disolventes eutécticos profundos o DES [34] e incluso reacciones en ausencia de

28

disolvente [35]. Puede sorprender la definición del agua, el disolvente más común, como disolvente neotérico, en puridad no es un disolvente nuevo, pero dada la insolubilidad de muchos compuestos orgánicos en agua y la inestabilidad de algunos de ellos en este disolvente, la industria basada en química orgánica no la usaba como medio de reacción.

El grupo CHESO ha trabajado también sobre disolventes neotéricos, un aspecto que trataré luego con mayor profundidad. En las primeras etapas trabajamos líquidos iónicos [36-37] y líquidos iónicos soportados en sólidos [38-40] como medios de reacción, teniendo en cuenta en el caso de estos últimos que se asimilan a reacciones sin disolvente. Además, también ensayamos algunos procesos en agua [41].

ECONOMÍA CIRCULAR

En 2015 la Asamblea General de las Naciones Unidas estableció *Los objetivos de desarrollo sostenible* (ODS) como un plan de ruta para abordar los principales problemas de la humanidad y del planeta, en resumen, plantea algo tan difícil como compaginar el desarrollo social y económico con la sostenibilidad ambiental. Por primera vez una resolución de las Naciones Unidas reconoce la importancia de garantizar el acceso a una educación superior de calidad. Tal y como refleja el objetivo 4.

Las universidades deben ser, además, punta de lanza y laboratorio de pruebas de cara a la implementación de estos objetivos, es una oportunidad para recuperar un cierto liderazgo social.

La implementación de estos objetivos requiere, además, el desarrollo de nuevos programas de investigación en las distintas ramas de conocimiento que los investigadores y las investigadoras de las universidades están en condiciones de abordar. Estos objetivos concitan a la vez aspectos humanistas, normativos, de distribución de la riqueza y del sostenimiento económico, de mantenimiento de una salud global, y de nuevas aproximaciones científico-tecnológicas más respetuosas con la salud del planeta.

La economía circular aparece como una de las herramientas esenciales para lograr estos objetivos. El concepto de *economía circular* fue definido, en primer lugar, por Pearce y Turner en su libro *Economics of Natural Resources and the Environment* [42]. Se puede citar como una idea inicial la de K. Boulding, que plantea la tierra como un sistema cerrado que permita reutilizar sus recursos limitados para hacerlos ilimitados [43].

La economía circular es un marco de soluciones para el desarrollo económico que se plantea sobre las causas de los cambios globales, el cambio climático, la biodiversidad, el consumo y la polución, con unas mejores oportunidades de crecimiento [44].

La definición de la ONU expresa lo mismo de un modo más sencillo, ya que define la economía circular como el modelo económico que lleva al crecimiento y al empleo sin comprometer el medioambiente.

En 2050 la Unión Europea propone haber implementado una economía circular y climáticamente neutra que permita reducir los residuos y hacer productos más sostenibles.

La situación actual es tan solo un reflejo de la evolución de la humanidad, el cazador recolector consumía 1 tonelada por habitante y año, el ser humano sedentario cuya subsistencia se ligaba a la agricultura comenzó a usar herramientas y su consumo creció hasta las 4 t por habitante y año. Este consumo fue experimentando pequeños crecimientos con los cambios tecnológicos, pero el momento de ruptura se produjo en 1775, año en el que James Watt inventó la máquina de vapor, el comienzo de la Revolución Industrial, con 900 millones de habitantes en el planeta ni la producción de residuos ni la de CO_2 eran preocupantes, pero en la actualidad nos encontramos con una población superior a los 8000 millones de habitantes y un enorme

Objetivos de desarrollo sostenible

crecimiento de la actividad económica. Un estudio de principio de siglo situaba el consumo medio por habitante y año en España en una cantidad de 20 t [45], una cantidad que sin duda habrá aumentado con los cambios tecnológicos y sociales ocurridos desde esta fecha.

Este grado de consumo unido al crecimiento poblacional hacen insostenible el modelo de crecimiento continuo, impulsado por la economía neoliberal y la globalización, modelo basado en la eliminación de los residuos una vez consumido el producto.

La aproximación circular necesita de una visión transversal contraria a la especialización que domina la economía lineal. La economía circular se puede contemplar como un metabolismo cerrado [46] cuyo desarrollo precisa del trabajo conjunto de los distintos órganos cada uno con su tarea específica: economistas, ingenieros, científicos, juristas y humanistas, sin olvidar el concepto

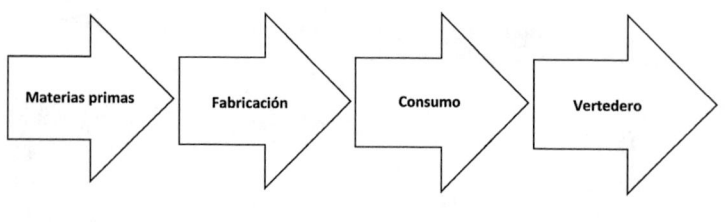

Economía lineal

de *salud global,* tan íntimamente ligado a los cambios medioambientales.

En el Campus Iberus existen distintos grupos que abordan este campo desde visiones complementarias, tal y como se muestra en el máster de Economía Circular.

En nuestra universidad esta transversalidad se muestra también en la diversidad de grupos de investigación que aportan visiones complementarias a la del nuestro. No quiero correr el riesgo de dejarme a ninguno, por ello, tan solo mencionaré que los pueden encontrar en la mayoría de nuestras facultades, escuelas y centros e institutos de investigación.

La economía circular propone un cambio de paradigma en el que el consumo de materias primas se desacopla de la prosperidad, se trata de un sistema complejo en el que los productos se diseñan de modo que puedan ser reparados y aumentar su vida útil: el consumidor deja de serlo para pasar a ser usuario. En el fin de su vida útil los productos deben permitir la separación de sus componentes para ser reutilizados; a pesar de todas estas precauciones, es inevitable que acaben apareciendo residuos para los que se debe buscar alguna utilidad, en este caso los residuos pasan a ser materias primas; el concepto de *la cuna al vertedero* se sustituye por el concepto de *la cuna a la cuna* [47].

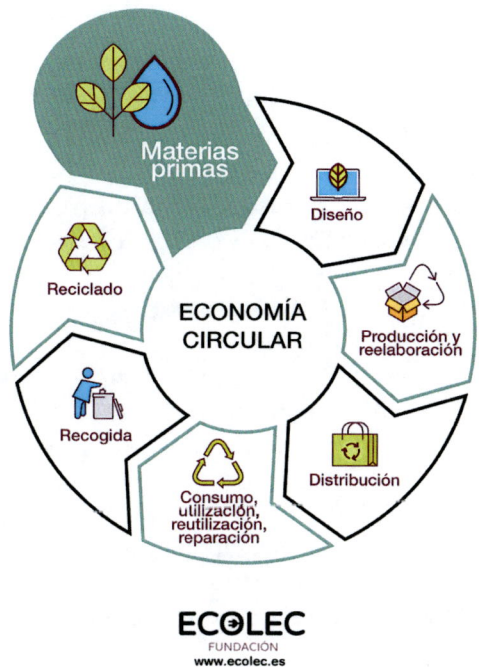

ECOLEC
FUNDACIÓN
www.ecolec.es

Diagrama de circularidad

La Química tiene mucho que aportar en este último punto, el uso de residuos como materias primas; se trata de considerar estos residuos como materias primas renovables, entroncando así con los principios de la Química Sostenible. En efecto, aunque se trate de diseñar los procesos químicos de modo que se minimice la producción de residuos. A menudo esta producción es inevitable cuando se trata de subproductos concomitantes.

El grupo CHESO viene trabajando durante los últimos años con varios tipos de residuos como materias primas, sobre todo con materias grasas. Un primer ejemplo es la producción de los suplementos de omega 3, en esta producción se genera una corriente residual de ácidos grasos en cuya valorización se ha trabajado con la empresa Solutex. Los ácidos grasos permiten distintos tipos de reacciones: en el doble enlace, en las posiciones vecinas a este enlace y en el grupo carboxilo [48-51], como resultado de estas reacciones se ha llegado a la preparación de surfactantes y lubricantes [52] a partir de esta corriente de residuos concomitantes.

El otro residuo concomitante de este proceso y también de la síntesis de biodiésel es el glicerol, se ha publicado [53] que en 2021 la producción de glicerol derivada de la obtención de biocombustibles alcanzó los 4500 millones de litros. El mercado del glicerol supuso 5600 millones de dólares en 2024. Su uso más conocido es el de la industria cosmética, también se emplea como excipiente y disolvente en la industria farmacéutica, en alimentación como humectante, disolvente y edulcorante, como anticongelante y en la preparación de explosivos, detergentes, lubricantes y resinas. Otra de sus aplicaciones es la preparación de nuevos disolventes como el solketal [54] o el glicerolformal [55].

Dado nuestro interés en la preparación y la aplicación de disolventes medioambientalmente más inocuos, nuestro grupo participó en el proyecto europeo «Advanced safer solvents for innovative industrial eco-processing» (SOLVSAFE). Dentro de este proyecto y a partir del mismo se sintetizaron un elevado número de éteres de glicerol, se caracterizaron sus propiedades viendo que estas cubren más allá de los disolventes orgánicos tradicionales [56-59] y se determinó su ecotoxicidad [60-62]. También se ensayaron como disolventes en procesos catalíticos [63-64] y biocatalíticos [65-66], confirmándose que es posible recuperar y reutilizar el disolvente y el catalizador y observándose interesantes efectos en la actividad del

Ácido vanílico   Ácido salicílico   Ácido cafeico

Ejemplos de ácidos fenólicos

catalizador y en la selectividad de las reacciones. También se han ensayado, y en procesos de solubilización de ácidos fenólicos [67], ácidos presentes en muchas plantas que son considerados el segundo grupo más abundante de compuestos bioactivos, solo superados por los flavonoides. En general tienen propiedades antioxidantes. Muchos de ellos son bien conocidos; el ácido vanílico se usa como aromatizante, el salicílico se usa para el tratamiento de una variedad de problemas dermatológicos, siendo además el precursor de la aspirina (ácido acetilsalicílico), el ácido cafeico se encuentra en muchas plantas, sobre todo en el cafeto, es también uno de los antioxidantes presentes en el aceite de argán. Tiene propiedades antioxidantes y se usa en cosmética y salud.

A partir de la experiencia ganada en la preparación, caracterización y uso de éteres derivados del glicerol, hemos comenzado a explorar la preparación de «Deep Eutectic Solvents» (DES) y líquidos iónicos a partir de glicerol; aunque se trata de una línea de investigación en desarrollo ya se ha estudiado la toxicidad [68] de alguno de ellos y su uso en procesos de catálisis [69-70] y solubilización de compuestos bioactivos [71].

Planta de biogás

Esta línea debe aportar nuevas oportunidades en circularidad, no solo en catálisis sino también en solubilización y liberación controlada de compuestos activos y en la recuperación de compuestos interesantes a partir de residuos.

Dentro de la economía circular se están abriendo nuevas oportunidades que suponen un cambio sustancial en los esquemas de desarrollo, al igual que en la formación se impone cada vez más la transversalidad y la formación a lo largo de la vida.

La simbiosis industrial no se basa en la especialización sino en la complementariedad dentro de los polígonos industriales.

La simbiosis industrial [72-74] es la asociación de empresas, productores del sector primario y comunidades que desarrollan relaciones entre ellas para mejorar el uso de los recursos y reducir los impactos medioambientales de manera conjunta. La simbiosis industrial facilita el intercambio de energía, materiales y agua para cerrar los ciclos de materiales y energía, facilitar el uso de residuos y minimizar el empleo de materias primas. Aparece como una estrategia colaborativa enfrentada a la concentración industrial, que tiene claras ventajas logísticas, mientras que la simbiosis industrial permite el aprovechamiento de las corrientes materiales y energéticas. Un ejemplo próximo son las plantas de biogás que se están implantando en Aragón. Estas plantas se basan en el uso de residuos orgánicos biodegradables que se someten a reacciones de biodegradación por la acción de microorganismos en ausencia de aire. Además del combustible, se produce un residuo que puede usarse para acondicionar suelos.

En el siguiente esquema se muestra el flujo de materiales y de energía en un ejemplo de simbiosis industrial.

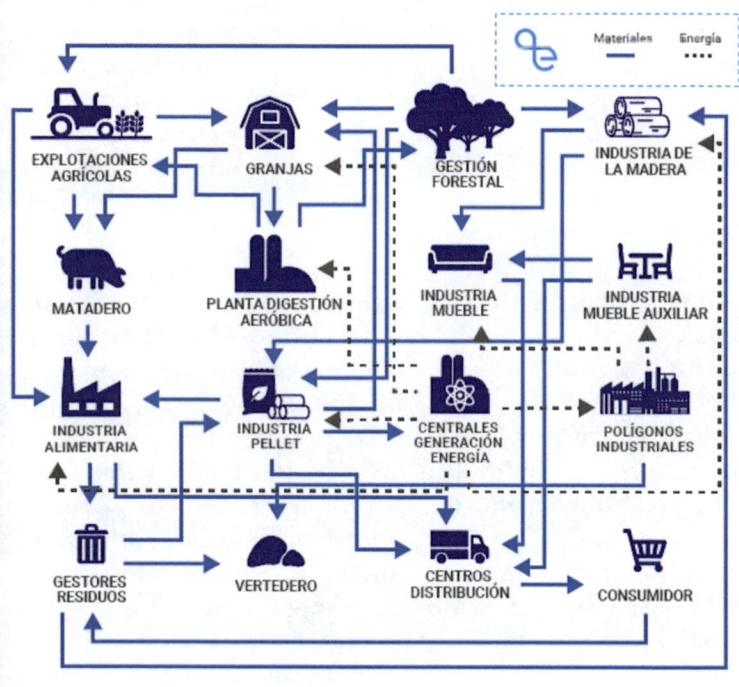

Simbiosis industrial (Fuente: GTA ambiental)

European Minerals Conference

Sin duda, el concepto de *economía circular* va más allá que el mero programa social y medioambiental cuando se incorporan al mismo las materias primas críticas. Ya en 2001 la European Minerals Conference, celebrada en Madrid en junio de ese año, mostró la preocupación por el consumo y el suministro de algunas materias primas, que se consideraban esenciales para afrontar el cambio energético y tecnológico.

A partir de entonces, diversas organizaciones industriales, sindicales, académicas y políticas han venido analizando y proponiendo soluciones a este problema, de hecho entre 2011 y 2020 el número de materias consideradas críticas por Europa creció desde once hasta treinta: antimonio, hafnio, fósforo, barita, tierras raras pesadas, escandio, berilio, tierras raras ligeras, silicio metálico, bismuto, indio, tantalio, borato, magnesio, wolframio, cobalto, grafito natural, vanadio, carbón de coque, bauxita, espato de flúor, niobio, litio, galio, metales del grupo del platino, titanio, germanio, fosforita y estroncio. A estas se añaden algunas que sin ser críticas se consideran estratégicas.

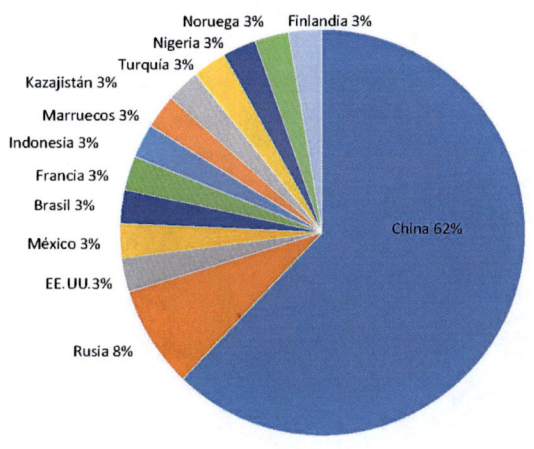

Importación de materias primas por la UE
(Fuente: Dirección General de Mercado Interior, Industria, Emprendimiento y PYMES)

Por ejemplo, las baterías dependen del suministro de litio, cobalto y níquel; no podemos tener energía eólica sin tierras raras y aluminio, ni paneles solares sin silicio, cobre, cadmio, indio y galio, o microchips sin silicio, germanio y galio. Hoy en día nadie se imagina el mundo sin acero, vidrio y aluminio.

El informe ejecutivo publicado por la Comisión Europea en 2017 revelaba la gran dependencia de la producción europea de la importación de unos pocos países, en particular de China en más de un 60 % [75].

En este contexto, Europa sigue avanzando en la necesidad de reducir esta dependencia, de modo que los nuevos reglamentos incluyen el uso de materiales reciclados en porcentajes cada vez mayores, al mismo tiempo que incrementan el número de materias primas críticas o esenciales [76-78].

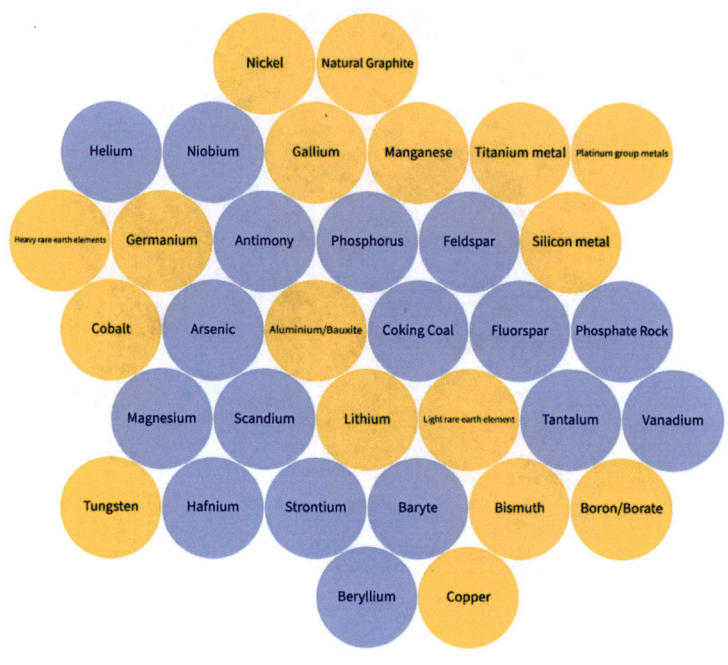

Materias primas estratégicas
(Fuente: Consejo de Europa 2024)

Así pues, es preciso encontrar fórmulas que resuelvan una posible carencia de estas materias primas críticas.

Sin duda, la minería espacial aparece como una alternativa de ciencia ficción reflejada en películas como *Moon,* que reflexiona sobre la explotación minera en la Luna, o la más conocida *Armageddon,* en la que Bruce Willis, Ben Affleck y sus compañeros, perforadores de pozos de petróleo, perforan un meteorito para eliminarlo antes de que choque contra la Tierra, mientras Liv Tyler llora en el centro de control y se escucha la canción *I don't want miss a thing,* cantada por su padre Steve Tyler y el grupo Aerosmith; *Cráter,* sobre un niño criado en una colonia minera lunar; *Atmósfera cero,* en la que Sean Connery investiga una serie de muertes misteriosas en una colonia minera en una de las lunas de Júpiter, por citar solo algunos de los ejemplos más conocidos.

El creciente interés por la exploración espacial hace pensar que esta ciencia ficción parece cada vez más cerca en los planes de algunos Gobiernos, de tal modo que, al tiempo que se trabaja en las soluciones tecnológicas, se ha empezado a reflexionar en los problemas legales [79].

Una solución más próxima es la minería circular [80-81], un concepto que engloba tanto la recuperación y la reutilización de estas materias primas críticas, como la mejora de las prácticas en minería para optimizar las producciones y recuperar los materiales secundarios que se solían desechar por una menor rentabilidad.

CONCLUSIONES

La economía circular propone un cambio de visión más favorable para la sociedad y los territorios, además la Organización Internacional del Trabajo estima un gran crecimiento de los llamados *empleos verdes,* un aspecto que puede tener un impacto incluso superior a los empleos del sector tecnológico.

La Química, como ciencia central, puso en marcha su implicación en la sostenibilidad en el último cuadro del siglo XX a través de los principios de la Química Verde.

Durante estos años quienes nos dedicamos a esta ciencia hemos ido reaprendiendo muchos de los conceptos con los que se solía trabajar:

— Tenemos que seguir desarrollando catalizadores más eficaces, que reduzcan el coste energético, que además generen procesos más selectivos que minimicen los subproductos.

— Desarrollar productos no tóxicos y biodegradables con propiedades similares a los actuales.

— Las materias primas renovables, incluyendo como tales las corrientes de subproductos, cuyo aprovechamiento se incluye en los conceptos esenciales de la economía circular, son más complejas que las derivadas del petróleo, de modo que exigen nuevas aproximaciones.

En resumen, desde el punto de vista de la Química la sostenibilidad propone nuevos retos que presentan, para los que trabajamos en estos temas, un futuro como poco emocionante.

Quiero acabar reiterando mi agradecimiento a todas las personas que, tanto desde el punto de vista administrativo y de gestión como desde el científico, han hecho posible que hoy ocupara esta cátedra, como siempre ocurre en ciencia los esfuerzos colectivos son los que producen verdaderos avances.

He tratado de aproximar la visión de la sostenibilidad desde los ojos de un químico, aunque no he obviado alusiones a otras disciplinas que me son menos familiares. He tratado de combinar el necesario rigor que exige la profesión universitaria, con la idea de hacer accesibles los conceptos básicos a una audiencia heterogénea, pido disculpas de antemano si no he logrado este objetivo.

Corolario

«Al fin y al cabo, somos lo que hacemos para cambiar lo que somos»

(Eduardo Galeano)

REFERENCIAS

1. Rachel L. Carson, *Silent Spring.* Houghton Miffin, Boston 1962. Versión en español *Primavera silenciosa.* Crítica. Madrid 2005.
2. R. A. Sheldon, *Green Chem.* 25, 1704-1728, 2023.
3. Paul T. Anastas, John C. Warner, *Green Chemistry Theory and Practice.* Oxford University Press, Oxford 2024.
4. Martin Poliakoff, Peter Licence, *Nature,* 450, 810-812, 2007.
5. *Gordon Research Conference on Green Chemistry,* Oxford, September 8-23, 2002.
6. «Radiografía del sector químico español, *FeiQue.* 2025.
7. J. M. Fraile, J. I. García, C. I. Herrerías, J. A. Mayoral, E. Pires, *Chem. Soc. Rev.* 38, 695-706, 2009.
8. J. M. Fraile, J. I. García, J. A. Mayoral, *Chem. Rev.* 109, 360-417, 2009.
9. H. Werner, C. I. Herrerías, M. Gloss, A. Gisssibl, J. M. Fraile, I. Pérez, J. A. Mayoral, O. Reiser, *Adv. Synth. Catal.* 348, 125-132, 2006.
10. M. Guidotti, C. Pirovano, N. Ravasio, B. Lázaro, J. M. Fraile, J. A. Mayoral, B. Coq, A. Galarneau, *Green Chem.* 11. 1421-1427, 2009.
11. C. Cativiela, J. M. Fraile, J. I. García, B. Lázaro, J. A. Mayoral, A. Pallarés, *Appl. Catal. A* 12, 153-158, 2002.
12. C. Cativiela, J. M. Fraile, J. I. García, B. Lázaro, J. A. Mayoral, A. Pallarés, *Green Chem.* 5, 275-277, 2003.
13. J. M. Fraile, G. Lafuente, J. A. Mayoral, A. Pallarés, *Tetrahedron,* 67, 8639-8647, 2011.

14. J. M. Fraile, R. Mallada, J. A. Mayoral, M. Menéndez, L. Roldán, *Chem. Eur. J.* 16, 3296-3299, 2010.
15. J. M. Fraile, E. García-Bordejé, E. Pires, L. Roldán, *Carbon,* 77, 1157-1167, 2014.
16. J. M. Fraile, E. García-Bordejé, E. Pires, L. Roldán, *J. Catal.* 324, 107-118, 2015.
17. J. M. Fraile, C. Saavedra, *Catalysts,* 7, 393, 2017.
18. G. I. Panov, K. A. Dubkov, E. V. Starokon, *Catal. Today,* 117, 148-155, 2006.
19. J. Wang, N. Duan, Y. Liu, X. Wu, B. Li, *Adv. Sust. Syst.* 9, 2400719, 2025.
20. J. M. Fraile, N. García, J. A. Mayoral, F. G. Santomauro, M. Guidotti, *ACS Catal.* 5, 3552-3561, 2015.
21. M. Guidotti, C. Pirovano, N. Ravasio, B. Lázaro, J. M. Fraile, J. A. Mayoral, B. Coq, A. Galarneau, *Green Chem.* 11, 1421-1427, 2009.
22. J. M. Fraile, J. I. García, J. A. Mayoral, E. Vispe, *J. Catal.* 204, 145-156, 2001.
23. M. de Torres, I. W. C. Arends, J. A. Mayoral, E. Pires, G. Jiménez-Osés, *Appl. Catal. A* 425-426, 91-96, 2012.
24. J. M. Fraile, J. I. García, J. A. Mayoral, S. Sebti, R. Tahir, *Green Chem.* 3, 271-274, 2001.
25. J. M. Fraile, C. Gil, J. A. Mayoral, B. Muel, L. Roldán, E. Vispe, S. Calderón, F. Puente, *Appl. Catal. B* 180, 680-686, 2016.
26. M. de Torres, G. Jiménez-Osés, J. A. Mayoral, E. Pires, M. de los Santos, *Fuel,* 94, 614-616, 2012.
27. Y. Doi, A. Steinbuchel, *Biopolymers,* Weinheim, Germany: Wiley-VCH 2002.
28. Paul Knochel Ed., «Modern Solvents in Organic Synthesis», *Top. Current Chem.* 206, Springer Natures 1999.
29. D. J. Adams, P. J. Dyson, S. J. Taverner, *Chemistry in Alternative Reaction Media,* John Wiley and Sons, Chichester 2004.
30. S. Khaksar, *J. Fluorine Chem.* 172, 50-61, 2015.
31. G. V. Brunner Ed., *Supercritical Fluids as Solvents and Reaction Media,* Elsevier 2009.
32. M.Cortés-Clerget, J. Yu, J. R. A. Kincaid, P. Walde, F. Gallou, B. H. Lipshutz, *Chem. Sci.* 12, 4237-4266, 2021.
33. Para un número especial de la revista dedicado a líquidos iónicos ver *Chem. Rev.* 117, 2017.

34. N. Ríos-Lombardía, J. García-Álvarez, «Deep Eutectic Solvents and Their Application as Reaction Media», in *Handbook of Solvents Vol. 2: Use, Health and Environment,* pp. 1145-1655, Elsevier 2024.

35. S. Zangade, P. Patil, *Current Org. Chem.* 23, 2293-2318, 2019.

36. J. M. Fraile, J. I. García, C. Herrerías, J. A. Mayoral, D. Carrie, M. Vaultier, *Tetrahedron: Asymmetry,* 12, 1891-1894, 2001.

37. A. V. Martínez, J. I. García, J. A. Mayoral, *Appl, Catal. A* 472, 21-28, 2014.

38. M. R. Castillo, L. Fousse, J. M. Fraile, J. A. Mayoral, *Chem. Eur. J.* 13, 287-291, 2007.

39. M. R. Castillo, J. M. Fraile, J. A. Mayoral, *Langmuir,* 28, 11364-11375, 2012.

40. A. V. Martínez, A. Leal-Duaso, J. I. García, J. A. Mayoral, *RSC Adv.* 5, 59983-59990, 2015.

41. J. M. Fraile, C. Herrerías, J. A. Mayoral, «Green Bases in Water», in *Reactions in Water as a Green Solvent,* P. A. Anastas Ed. Wiley-VCH, Weinhein 2010.

42. D. W. Pearce, K. Turner, *Economics of Natural Resources and the Environment,* Johns Hopkins University Press U. K., 1989. Versión en español *Economía de los recursos naturales y del medioambiente,* Celeste Ediciones 1995.

43. K. Boulding, «The Economics of the Coming Spaceship Earth», in H. Jarrett Ed., *Environmental Quality in a Growing Economy, Resources for the Future,* pp. 8-14, Johns Hopkins University Press, Baltimore 1966.

44. Ellen McArthur Foundation, *Universal Circular Economy Policy Goasl: Enabling the Transition,* Ellen McArthur Foundation, Isle of Wright 2021.

45. O. Carpintero, *El Ecologista,* 41, 26-27, 2004.

46. L. M. Jiménez, E. Pérez, *Economía circular-espiral. Transición hacia un metabolismo económico cerrado,* Ecobook, Madrid 2018.

47. M. Braungart, W. McDonough, *Cradle to Cradle: Remaking the Way we Make Things,* North Press 2003. Versión en español Mc-Graw Hill, Madrid 2005.

48. V. Dorado, C. I. Herrerías, J. M. Fraile, *Appl. Catal. A* 623, 118270, 2021.

49. V. Dorado, L. Gil, J. A. Mayoral, C. I. Herrerías, J. M. Fraile, *Cat. Sci. Technol.* 10, 1789-1795, 2020.

50. B. Angulo, J. M. Fraile, C. I. Herrerías, J. A. Mayoral, *RSC Adv.* 7, 19417-19424, 2017.

51. L. Peña Carodeaguas, L. Cristòfol, J. M. Fraile, J. A. Mayoral, V. Dorado, C. I. Herrerías, A. W. Kleij, *Green Chem.* 19, 3535-3541, 2017.

52. B. Angulo, J. M. Fraile, L. Gil, C. I. Herrerías, *J. Cleaner Prod.* 202, 81-87, 2018.

53. J. A. Sánchez-Gómez, F. I. Gómez-Castro, S. Hernández, *Ciencia Nicolaita*, 93, 78-84, 2025.

54. L. Wang, X. Du, D. Zhang, T. Hu, D. Ren, Z. Huo, *Cem. Select.* 9, e202400111, 2024.

55. T. Coleman, A. Blankership, Worlwide patent MX2011001789A, 2011.

56. J. I. García, H. García-Marín, J. A. Mayoral, P. Pérez, *Green Chem.* 12, 426-434, 2010.

57. A. Leal-Duaso, P. Pérez, J. A. Mayoral, J. I. García, E. Pires, *Acs Sust. Chem. Eng.* 7, 13004-13014, 2010.

58. A. Leal-Duaso, M. Caballero, A. Urriolabeitia, J. A. Mayoral, J. I. García, E. Pires, *Green Chem.* 19, 17-26, 2017.

59. A. Leal-Duaso, P. Pérez, J. A. Mayoral, E. Pires, J. I. García, *Phys. Chem.* 10, 41-51, 2017.

60. J. I. García, E. Pires, L. Aldea, L. Lomba, E. Perales, B. Giner, *Green Chem.* 17, 4326-4333, 2015.

61. E. Perales, C. B. García, L. Lomba, J. I. García, E. Pires, M. C. Sancho. E. Navarro, B. Giner, *Environmental Chem.* 14, 320-327, 2017.

62. E. Perales, J. I. García, E. Pires, L. Aldea, L. Lomba, B. Giner, *Chemosphere*, 183, 277-285, 2017.

63. H. García Marín, V. C. van der Toorn, J. A. Mayoral, J. I. García, W. C. I. Arends, *Green Chem.* 11, 1605-1609, 2009.

64. H. García Marín, V. C. van der Toorn, J. A. Mayoral, J. I. García, W. C. I. Arends, *J. Mol. Catal. A* 334, 83-88, 2011.

65. M. Pérez-Sánchez, A. Cortés-Cabrera, H. García-Marín, J. V. Sinisterra, J. I. García. M. J. Hernaiz, *Tetrahedron*, 67, 7708-7711, 2011.

66. D. Piedrabuena, A. Rumbero, E. Pires, A. Leal-Duaso, C. Civera, M. Fernández-Lobato, M. J. Hernaiz, *RSC Adv.*, 24312-24319, 2021.

67. B. P. Soares, D. O. Abranches, T. E. Sintra, A. Leal-Duaso, J. I. García, E. Pires, S. Shimizu, J. A. Coutinho, *ACS Sust. Chem. Eng.* 8, 5742-5749, 2020.

68. M. P. Garralaga, L. Lomba, A. Leal-Duaso, S. García-Barberán, E. Pires, B. Giner, *Green Chem.* 24, 5228-5231, 2022.
69. S. García-Barberán, A. Leal-Duaso, E. Pires, «Curr. Opinion» in *Green Chem.* 35, 100610, 2022.
70. A. Leal-Duaso, J. A. Mayoral, E. Pires, *ACS Sust. Chem. Eng.* 8, 13076-13084, 2020.
71. S. García-Barberán, M. Lanau, A. Leal-Duaso, M. P. López Ram de Viu, A. M. Mainar, J. A. Mayoral, E. Pires, *ACS Sust. Chem. Eng.*, in press.
72. M. Felicia, D. Amaral, K. Esposto, X. G. Durany, *J. Cleaner Pord.* 118, 54-64, 2016.
73. A. Pérez Torres, *Retema*, 232, 2021.
74. X. Chen, M. Dong, L. Zhang, X. Luan, X. Cui, Z. Cui, *J. Cleaner Prod.* 354, 131635, 2022.
75. Deloitte Sustainability British Geological Survey Bureau de Recherches Géologiques et Minières Netherlands Organisation for Applied Scientific Research, *Estudio de la revisión de 2017 de la lista de materias primas críticas*, European Commission 2017.
76. *Reglamento de materias primas fundamentales.* Consejo de Europa. Marzo 2024.
77. E. Féas, J. Arnal, *Materias primas fundamentales en la Unión Europea: 10 recomendaciones para mejorar la contribución de la industria española*, Real Instituto Elcano, abril 2024.
78. *Materiales y materias primas críticas para la transición energética*, Oficina de Ciencia y Tecnología del Congreso de los Diputados, octubre 2024.
79. S. W. Anderson, K. Christensen, J. LaManna, *J. Energ. and Nat. Resources Law* 37, 227-258, 2019.
80. J. A. Subin, J. Calhoun, O. B. Rentería, P. Mercado, S. Nakayama, C. M. Hope, M. Sotelo, P. L. Menezes, *Sustainability*, 16, 11016, 2024.
81. I. Kahupi, N. Vakovleva, O. Okorie, C. G. Hull, *J. Environ. Manag.* 368, 122145, 2024.

ÍNDICE

Este libro se terminó de imprimir
en los talleres de Gistel Industrias Gráficas
el 22 de septiembre de 2025